# BEI GRIN MACHT SICH IHR WISSEN BEZAHLT

AF149594

- Wir veröffentlichen Ihre Hausarbeit,
  Bachelor- und Masterarbeit

- Ihr eigenes eBook und Buch -
  weltweit in allen wichtigen Shops

- Verdienen Sie an jedem Verkauf

## Jetzt bei www.GRIN.com hochladen und kostenlos publizieren

**Bibliografische Information der Deutschen Nationalbibliothek:**

Die Deutsche Bibliothek verzeichnet diese Publikation in der Deutschen National-bibliografie; detaillierte bibliografische Daten sind im Internet über http://dnb.d-nb.de/ abrufbar.

Dieses Werk sowie alle darin enthaltenen einzelnen Beiträge und Abbildungen sind urheberrechtlich geschützt. Jede Verwertung, die nicht ausdrücklich vom Urheberrechtsschutz zugelassen ist, bedarf der vorherigen Zustimmung des Verlages. Das gilt insbesondere für Vervielfältigungen, Bearbeitungen, Übersetzungen, Mikroverfilmungen, Auswertungen durch Datenbanken und für die Einspeicherung und Verarbeitung in elektronische Systeme. Alle Rechte, auch die des auszugsweisen Nachdrucks, der fotomechanischen Wiedergabe (einschließlich Mikrokopie) sowie der Auswertung durch Datenbanken oder ähnliche Einrichtungen, vorbehalten.

**Impressum:**

Copyright © 2007 GRIN Verlag, Open Publishing GmbH
Druck und Bindung: Books on Demand GmbH, Norderstedt Germany
ISBN: 9783640635405

**Dieses Buch bei GRIN:**

http://www.grin.com/de/e-book/149158/die-reaktion-zwischen-saeuren-und-laugen-neutralisation-als-thema-einer

Florian Schwarze

# Die "Reaktion zwischen Säuren und Laugen - Neutralisation" als Thema einer Chemiestunde in der 9. Klassenstufe

GRIN Verlag

**GRIN - Your knowledge has value**

Der GRIN Verlag publiziert seit 1998 wissenschaftliche Arbeiten von Studenten, Hochschullehrern und anderen Akademikern als eBook und gedrucktes Buch. Die Verlagswebsite www.grin.com ist die ideale Plattform zur Veröffentlichung von Hausarbeiten, Abschlussarbeiten, wissenschaftlichen Aufsätzen, Dissertationen und Fachbüchern.

**Besuchen Sie uns im Internet:**

http://www.grin.com/

http://www.facebook.com/grincom

http://www.twitter.com/grin_com

Universität Koblenz-Landau, Campus Landau
Institut für Erziehungswissenschaft
WS 2006/07
Basiskurs (neue PO) Kurs B

# Ausführliche Unterrichtsplanung im Fach Chemie

**Thema der Unterrichtseinheit:** Säuren und Laugen

**Thema der Stunde:** Reaktion zwischen Säuren und Laugen:

Neutralisation (Teil 1)

| | |
|---|---|
| Schule: | M-Realschule Z |
| Klasse: | 9b |
| Zeit: | Donnerstag, 4. Stunde, 10.15 Uhr – 11.00 Uhr |
| Datum: | 20.12.06 |

# Inhaltsverzeichnis:

# 1. Sachanalyse

Säuren und Basen

Früher verstanden Menschen unter einer Säure einen Stoff, der sauer schmeckt und unter Laugen eine Lösung, die sich seifig anfühlt und leicht bitter schmeckt (Mortimer, 1996). Diese Definitionen von Säuren und Laugen sind auch heute noch umgangssprachlich bekannt. Chemisch betrachtet werden Stoffe jedoch aufgrund ihrer Eigenschaften den Begriffen Säure und Base zugeordnet.

1887 veröffentlichte Svante Arrhenius die in der Realschule benutzte Definition für Säuren und Basen. Danach ist eine Säure ein Stoff, der in wässriger Lösung Hydronium-Ionen ($H^+$) bildet, während eine Base in wässriger Lösung Hydroxid-Ionen ($OH^-$) bildet. Seiner Definition nach sind Metallhydroxide die einzigen existierenden Basen, ihre wässrige Lösungen nennt er Laugen (Elemente Chemie II, 1989).

Ein Beispiel für eine Arrhenius-Säure ist Chlorwasserstoff, welches mit Wasser Salzsäure bildet:

$$H_2O + HCl_{(g)} \rightarrow H_3O^+{}_{(aq)} + Cl^-{}_{(aq)}$$

Ein bekanntes Metallhydroxid, das basisch reagiert, ist Natriumhydroxid:

$$NaOH_{(s)} \rightarrow Na^+{}_{(aq)} + OH^-{}_{(aq)}$$

Als einzig mögliche Neutralisationsreaktion versteht Arrhenius die Reaktion von $H^+$- und $OH^-$-Ionen zu Wasser (pH 7). Die Gegenionen zu $H^+$ und $OH^-$ bilden ein Salz. Reagiert beispielsweise Natronlauge mit Salzsäure, so entsteht neben Wasser noch das Salz NaCl:

$$HCl + NaOH \rightarrow H_2O + NaCl$$

Diese Theorie von Arrhenius hat jedoch einige Nachteile. Sie ist zum einen auf wässrige Lösungen beschränkt, zum anderen liefert sie keine Erklärung für die Basizität des Ammoniaks. Eine ausführlichere Säure-Base-Definition wurde 1923 von Johannes Brönsted und Thomas Lowry unabhängig voneinander entwickelt. Danach sind Säuren Stoffe, die als Protonendonatoren fungieren und Basen sind so genannte Protonenakzeptoren (Mortimer 1996).

3

## pH-Wert

Der pH-Wert ist ein Maß für die Säure- bzw. Base-Eigenschaften eines Stoffes.

Zur Beschreibung der Acidität bzw. der Basizität eines Stoffes wird die Konzentration an $H^+_{(aq)}$- bzw. $OH^-_{(aq)}$-Ionen verwendet (Binnewies et al. 2004). Auch in reinem Wasser liegt eine geringe Dissoziation des $H_2O$-Moleküls in $H^+$- und $OH^-$-Ionen vor (= Autoprotolyse):

$$H_2O \leftrightarrow H^+ + OH^-$$

Wendet man hierauf das Massenwirkungsgesetz an, so erhält man das Ionenprodukt des Wassers $K_W$ (Binnewies et al. 2004):

$$K_C = \frac{c(H^+) \times c(OH^-)}{c(H_2O)}$$

$$\rightarrow K_W = K_C \times c(H_2O) = c(H^+) \times c(OH^-)$$

Unter Normalbedingungen (25°C) beträgt $K_W = 1*10^{-14} mol^2 * l^{-2}$.

Wie an dem Massenwirkungsgesetzt ersichtbar, ist die $H^+$-Konzentration immer von der $OH^-$-Konzentration abhängig. Diese gezeigte Beziehung gilt nicht nur für Wasser, sondern auch für wässrige Lösungen. Wird eine Säure in Wasser gelöst, so steigt die $H^+$-Konzentration an, während die $OH^-$-Konzentration absinkt. Wird eine Base gelöst, steigt die $OH^-$-Konzentration an und die $H^+$-Konzentration fällt ab (Mortimer 1996). Da die so erhaltenen Zahlenwerte jedoch recht klein sind, ist es in der Praxis üblich, anstatt den eigentlichen Konzentrationen den negativen dekadischen Logarithmus der relativen Konzentrationen ($\rightarrow$ dimensionslos), also den pH-Wert, zu verwenden:

$$pH = -\lg c(H^+)$$

Analog hierzu gilt für den pOH-Wert:

$$pOH = -\lg c(OH^-)$$

Durch die Definition des Ionenproduktes lässt sich ableiten, dass die Summe von pH und pOH einer Lösung bei 25°C immer 14 ergibt. Eine Lösung mit einem pH-Wert von 7 bezeichnet man als neutral, liegt der pH-Wert unterhalb von 7, so ist die Lösung sauer, liegt der pH-Wert über 7, ist die Lösung basisch.

## Neutralisationsindikatoren

Neutralisationsindikatoren sind organische Farbstoffe, die abhängig vom pH-Wert, d.h. von der Hydroniumionen-Konzentration, unterschiedliche Farben zeigen (Schülerduden Chemie). Den pH-Bereich, in welchem der Wechsel zwischen den beiden Farben stattfindet, nennt man

Umschlagsbereich. Um den Punkt der Neutralisation feststellen zu können, muss man Indikatoren verwenden, bei denen der Umschlagsbereich bei einem pH-Wert von 7 liegt, da dieser Wert neutral ist.

## Titration

Zur quantitativen Bestimmung einer Konzentration einer wässrigen Probelösung kann das Verfahren der Titration verwendet werden. Dabei gibt man solange zu einer Probe unbekannter Konzentration (=Probelösung) tropfenweise eine Lösung bekannter Konzentration (=Maßlösung), bis der Äquivalenzpunkt erreicht ist. Der Äquivalenzpunkt ist der Punkt, an dem zu der Lösung mit unbekannter Konzentration genau die äquivalente Menge an Maßlösung zugegeben wurde. Durch den Verbrauch an Maßlösung kann nun der Säuregehalt der Probelösung errechnet werden (folgend am Beispiel von HCl mit NaOH): Da am Äquivalenzpunkt die gleichen Stoffmengen n an HCl und NaOH vorliegen, können diese gleichgesetzt werden. Außerdem ist die Konzentration c der Maßlösung, sowie das Volumen V der Probelösung und das Volumen V der verbrauchten Maßlösung bekannt:

$$\rightarrow n\,(HCl) = n\,(NaOH) \qquad \text{mit } n = c*V$$

$$\rightarrow c(HCl) = \frac{c(NaOH)*V(NaOH)}{V(HCl)}$$

Zur Bestimmung des Äquivalenzpunktes kann beispielsweise ein Indikator eingesetzt werden. Dieser hat die Eigenschaft, beim erreichen des Äquivalenzpunktes die Farbe der Lösung umschlagen zu lassen. Gebräuchliche Indikatoren sind z.B. Bromthymolblau, dessen Umschlagsbereich bei pH 6,0 - 7,6 liegt und der eine Farbänderung von gelb nach blau aufweist, oder Phenolphthalein, welches bei pH 8,2 - 10 von farblos nach rot wechselt (Binnewies 2004).

## Entsorgung

Die Entsorgung von Säuren und Laugen in der Schule verläuft mittels Neutralisation: Säuren werden durch eine entsprechende Lauge und Laugen durch eine Säure auf einen pH von ca. 7 eingestellt und in dem Abfallbehälter „Säuren und Laugen" gesammelt. Es ist zu beachten, dass in eine konzentrierte Säure oder Base niemals Wasser gegeben werden darf, da die Reaktion von Säure (bzw. Base) mit Wasser exotherm verläuft, es somit zu einer Erwärmung des Reaktionsgemisches kommt und dadurch das Wasser verdampfen und aus dem Reaktionsgefäß heraus spritzen kann.

## 2. Didaktische Analyse

### Formulierung und Begründung der Lernaufgabe

Laut Lehrplanentwurf des Landes Rheinland-Pfalz von 1997 ist die zentrale Aufgabe der Chemie, „Zusammensetzung und Aufbau der uns umgebenden stofflichen Welt in ihrer Erscheinungsform zu untersuchen und zu beschreiben". Dieser Aufgabe wird das Thema „Säuren und Laugen" gerecht, indem sich die Schülerinnen und Schüler (im Folgenden: SuS) diese bedeutende Stoffklasse unserer Umwelt im Unterricht experimentell erarbeiten können. Außerdem vertiefen die SuS ihre Kenntnisse bezüglich der Einsatzmöglichkeit und den Grenzen von Modellvorstellungen sowie ihre Kenntnisse über chemische Gesetzmäßigkeiten. An dem Stundenthema „Neutralisation" kann der im Lehrplanentwurf geforderte „Einblick in [die] Arbeitsweisen der Chemie" sowie die „Fähigkeit, Experimente selbstständig ... durchzuführen" mittels der Titration erfolgen.

Das Thema „Reaktion zwischen Säuren und Laugen: Neutralisation" ist gemäß des Lehrplans Chemie des Landes Rheinland-Pfalz von 1997 für die neunte Klasse Realschule verbindlich vorgesehen.

### Bedeutsamkeit des Unterrichtsinhalts für die Schülerinnen und Schüler

Dem Thema Säuren und Laugen kommt sowohl im Chemieunterricht als auch im Alltagsleben der Schülerinnen und Schüler eine große Bedeutung zu. Das Thema ermöglicht eine erste Begegnung mit der in der Chemie üblichen Schreibweise für Reaktionsgleichungen und ist gleichzeitig ein grundlegender Reaktionstypus.

Säure-Base-Reaktionen spielen auch in anderen Fächern bzw. Themengebieten eine wichtige Rolle, beispielsweise bei Atmung und Verdauung (Biologie, Medizin) oder in unserer Umwelt als Saurer Regen. Auch zu Hause begegnen den SuS immer wieder Säuren oder Laugen, sei es als Essig, in der Zitrone oder als Laugenbrezel.

### Didaktische Reduktion

Die Erarbeitung des Stundenthemas erfolgt über den Schülerversuch der Titration. Die SuS besitzen bereits das Vorwissen, dass $H^+$-Ionen für den sauren Charakter und $OH^-$-Ionen für den basischen Charakter einer Lösung verantwortlich sind. Sie wissen was Indikatoren sind und wie sie wirken, außerdem ist ihnen die pH-Skala bekannt, welche von sauer (pH 1-6) über neutral (pH 7) zu basisch (pH 8-14) reicht. Somit ist den SuS der Begriff „neutral" bereits in den vorangegangenen Stunden begegnet.

Mit Hilfe dieses Vorwissens sollen nun die SuS den Versuch durchführen, weil somit bei den Schülern das Interesse geweckt wird und sie in der Fortführung des Themas in der nächsten Stunde die Neutralisation besser verstehen können. In dieser Stunde wird nur der Schülerversuch durchgeführt, weil die SuS noch nicht viele Versuche bis jetzt durchgeführt haben und sie daher noch etwas mehr Zeit dazu benötigen.

Zur genauen Vorstellung des Experimentes teile ich Versuchsanleitungen aus und gehe jeden Schritt durch, um gegebenenfalls Unklarheiten zu beseitigen, auch erkläre ich kurz den Umgang mit einer Bürette. Die SuS sollen sich nun selbst überlegen, was dieser Versuch bewirken könnte.

Gegen Ende des Versuches werde ich ein Arbeitsblatt zur Ergebnissicherung austeilen, welches die Schüler zuerst in ihrer Gruppe bearbeiten sollen und das dann anschließend im Klassengespräch besprochen wird. Sollte die Zeit zur Arbeitsblattbearbeitung aufgrund zu langer Experimentierzeit nicht mehr ausreichen, so wird die Bearbeitung aller vier Fragen als Hausaufgabe gestellt und nächste Stunde besprochen. Bei der Bearbeitung des Arbeitsblattes erwarte ich keine größeren Schwierigkeiten, da sich die Fragen nur auf Reproduktion (was sie in dem Experiment gemacht haben) und nicht auf Transferleistungen beziehen.

Einbettung der Stunde in die Unterrichtseinheit

1. Stunde:      Einführung der Begriffe Säure und Base
2. Stunde:      Was ist für den sauren und basischen Charakter verantwortlich?
3. Stunde:      Was sind Indikatoren, welche gibt es?
4. Stunde:      Nachweismöglichkeiten bekannter Säuren und Basen mit Indikatoren
5. Stunde:      Bildung von Säuren und Laugen
6. Stunde:      Bildung von Hydronium-Ionen und Hydroxid-Ionen
7. Stunde:      pH-Wert
8. Stunde:      Bestimmung von pH-Werten mit Indikatoren
9. **Stunde:**  **Reaktion zwischen Säuren und Laugen: Neutralisation (Teil 1)**
10. Stunde:     Reaktion zwischen Säuren und Laugen: Neutralisation (Teil 2)
11. Stunde:     Neutralisation als mögliche Salzbildungsreaktion
12. Stunde:     Umgang mit Säuren und Laugen
13. Stunde:     Verwendung und Entsorgung von Säuren und Basen

In den ersten acht Wochen haben die SuS einen Einblick über Säuren, Basen und was dazu gehört bekommen. Sie wissen nun, was die Begriffe Säure und Base bedeuten, was ihren Charakter ausmacht, wie man sie nachweisen kann und was Indikatoren und der pH-Wert sind. Nun soll die Reaktion zwischen Säuren und Basen untersucht werden, was ich über den Einstieg durch einen Schülerversuch erreichen möchte.

## 3. Voraussetzungen für den Unterricht

Innere Vorraussetzungen bei den Schülerinnen und Schülern

Die Klasse 9b dieser Schule kenne ich schon seit vier Jahren, da ich sie bereits in der fünften und sechsten Jahrgangsstufe im Fach Biologie unterrichtet habe. Sie setzt sich aus 13 Schülerinnen und 10 Schülern im Alter von 14 und 15 Jahren zusammen, die sich, mit Ausnahme von S., die erst nach der Orientierungsstufe vom Gymnasium zur Realschule wechselte, seit der fünften Klasse kennen. Die Klasse ist in der Regel etwas unruhig, wenn es darum geht Definitionen für wichtige Begriffe im Klassengespräch zu finden. Wenn es aber ans Experimentieren geht, sind die Schüler sehr interessiert und aufmerksam.

Es heben sich vier SuS aus der Klasse besonders hervor. Auf der einen Seite ist M. zu nennen, die durch ihre aktive Mitarbeit und Wortmeldungen zum Unterricht sehr viel beiträgt. Auf der anderen Seite hingegen fallen F. und D. auf, die beste Freunde sind und ständig den Unterricht durch miteinander reden stören. Zudem ärgern sie gerne Mitschüler, indem sie ihnen Arbeitsmaterial (Stifte, Blätter, etc.) wegnehmen und reden dazwischen, wenn einer ihrer Mitschüler spricht. Dieses Verhalten wird eingeschränkt, indem sie an zwei verschiedenen Tischen sitzen, da sie sich in der Regel nur so verhalten, wenn sie nebeneinander sitzen.

Die vierte Schülerin ist L., die sehr ruhig ist und sich fast nie meldet. Zudem hat sie Probleme Reaktionsgleichungen aufzustellen und sie zu ergänzen. Sie tut sich auch sehr schwer Versuchsanleitungen in die Praxis umzusetzen, besonders wenn sie in der Gruppe arbeitet. Sie ist in der Gruppe meist passiv und traut sich auch oft nicht Versuche selbst durchzuführen. Geschlechtsspezifisch lässt sich aber kein Unterschied feststellen.

Äußere Voraussetzungen

Für dieses Fach steht uns ein Chemieraum zur Verfügung, der mit acht Tischen ausgestattet ist, an denen je vier Schüler sitzen können. Im Raum befinden sich drei Waschbecken zum Reinigen der Versuchsgegenstände und es sind genügend Papiertücher vorhanden, um die gereinigten Gegenstände zu trocknen und die Tische feucht abzureiben. Um die Folie der Versuchsanleitung zeigen zu können, steht ein Overhead-Projektor neben dem Lehrerpult.

Die für den Schülerversuch benötigten Materialien, 6x Salzsäure, 6x Natronlauge, 6x Indikator , sechs Büretten, sechs Trichter, 6 Bechergläser. 6 Pipetten, 6 Erlenmeyerkolben und sechs Stative mit Klemmen, sind im Labor, das sich neben dem Chemieraum befindet, in ausreichender Anzahl und Menge vorhanden. Zudem braucht jeder Schüler eine Schutzbrille und einen Schutzkittel, die aber auch, in einem Schrank, der sich in diesem Raum befindet, für jeden zur Verfügung stehen.

Diese Chemiestunde findet donnerstags in der vierten Stunde von 10.15 Uhr – 11.00 Uhr statt; es sind keine außergewöhnlichen Störungen, wie z.B. Bauarbeiten an der Schule oder Feueralarm geplant.

## 4. Lernziele

### Ziel der Unterrichtseinheit

Die Schülerinnen und Schüler sollen Kenntnisse über Säuren und Basen erlangen, wie z.B. Charakter, Eigenschaften, Umgang, Entsorgung, Reaktionen, Nachweismöglichkeiten, pH-Wert und Verwendung.

### Ziel der Unterrichtsstunde

Die Schülerinnen und Schüler sollen anhand der Titration erkennen, dass sich Säuren und Laugen gegenseitig neutralisieren.

### Feinziele

Die Schülerinnen und Schüler sollen:

- erkennen dass der pH-Wert einer sauren Lösung beim Zutropfen einer Lauge sich immer mehr dem basischen Bereich annähert und schließlich basisch wird (kognitiv)
- gemeinschaftlich eine einfache Titration durchführen (instrumentell)
- den Begriff „Neutralisation" anhand des Experimentes erklären (kognitiv)
- Freude am Experimentieren entwickeln (affektiv)

## 5. Methodische Überlegungen

### Einstiegsmöglichkeiten

Ein möglicher Einstieg in diese Stunde wäre eine gemeinsame Wiederholung, z.B. von Charakter von Säuren und Basen, Ionenbildung, Indikatoren und pH-Wert, damit das Wissen bei den SuS aufgefrischt wird, sodass man anschließend mit ihnen gemeinsam den Begriff „Neutralisation" durch ein Brainstorming erarbeiten kann.

Man kann aber auch gleich mit der theoretischen Erarbeitung des Begriffes „Neutralisation" in einem Schüler-Lehrer-Gespräch beginnen und zwischendurch Definitionen wichtiger Begriffe von Schülern wiederholen lassen.

Ein weiterer Einstieg wäre die Versuchsanleitung gleich auszuteilen, diese mit den Schülern Schritt für Schritt durchzugehen und sie den Versuch erst einmal in Gruppen durchführen zu lassen, weil der Begriff „neutral" schon öfter bei dem Thema pH-Wert gefallen ist und erklärt wurde. Für diesen Versuch benötigt man allerdings fast eine ganze Stunde, weil das Experimentieren von SuS noch nicht so geübt ist. In der darauf folgenden Stunde kann dann auf diesem Versuch aufgebaut werden, indem in einem Klassengespräch der Versuch beschrieben und gedeutet werden soll, um dadurch auf den Begriff der „Neutralisation" zu kommen.

Ich habe mich für den letzteren Einstieg entschieden, weil dadurch das Interesse der SuS geweckt wird, da sie ja wissen wollen, was bei diesem Experiment passiert ist und warum es zu einer Farbänderung der Lösung gekommen ist. Wenn erst mit dem theoretischen Teil begonnen wird, ist die Aufmerksamkeit der SuS schwer aufrechtzuerhalten.

Artikulation

Zu Beginn der Stunde teile ich den Schülern die Versuchsanleitungen aus und gehe jeden Schritt des Versuches mit ihnen durch. Ich frage sie, ob sie wissen, was die einzelnen Geräte sind, ob sie verstehen was in jedem Schritt von ihnen erwartet wird und kläre unbekannte Begriffe mit ihnen. Die Klasse wird zwar unruhig werden, weil sie so schnell wie möglich mit dem Versuch beginnen möchten, da aber manche Probleme mit Versuchsanleitungen haben, lasse ich die Schritte von einigen Schülern erklären, um auch den etwas schwächeren Schülern den Versuch klar machen zu können. Mit einem Brainstorming sollen die Schüler überlegen, was bei diesem Versuch passieren könnte. Diese Überlegungen werden an der Tafel festgehalten, damit sich die Schüler bei der anschließenden Besprechung alle Antworten noch mal durchlesen können, weil in einem Klassengespräch versucht werden soll zu erklären, warum manche Antworten falsch sind (die Antworten schreibe ich auch noch auf ein Blatt auf; falls der Versuch länger dauert und die Zeit fehlt, über den Versuch nachzudenken, werden die Antworten in der nächsten Stunde noch mal an die Tafel geschreieben).

Danach teile ich sie in Gruppen zu je vier Personen ein, außer einer, die aus drei Personen besteht. In diese Dreier-Gruppe werde ich Lena mit zwei anderen etwas ruhigeren Schülerinnen einteilen, sodass sie gezwungen ist bei dem Experiment mitzuarbeiten. Dieser Gruppe wird dann auch mehr Aufmerksamkeit meinerseits zuteil, weil ich sie dazu ermutigen muss, auch mal aktiv am Experiment teilzunehmen. Felix und Dominik werden in zwei verschiedenen Gruppen arbeiten, weil sie sich dadurch nicht gegenseitig ablenken und sich mehr auf das Experiment konzentrieren können. Marina wird zusammen mit Hannah, Tobias und Hassan zusammen arbeiten, weil diese Schüler eher leistungsstark sind und dadurch die Arbeitsweise ausgeglichen ist.

Nach der Einteilung sollen die SuS ihre Arbeitsplätze „sichern" (Schreibzeug in die Taschen räumen und Taschen an die Wand stellen), einen Kittel und Schutzbrille anziehen und jede Gruppe soll sich eine Bürette, ein Stativ mit Klemme, ein Becherglas, eine Pipette, einen Trichter und einen Erlenmeyerkolben holen, damit ich ihnen das übrige Material austeilen kann. Wenn jede Gruppe ihr Material auf dem Tisch stehen hat, zeige ich ihnen, wie die Titrationsapparatur aufgebaut werden soll, damit sie es dann anschließend auch selbst machen können. Beim Aufbau werde ich wohl einigen Gruppen noch helfen müssen, damit sie dann anschließend den Versuch gemäß der Versuchanleitung durchführen können, während ich an jedem Tisch vorbei gehe und eventuelle Fragen beantworte. Zwischendurch werde ich häufiger an den Tisch der Dreier-Gruppe gehen, weil diese Schüler noch mehr Hilfe benötigen, um ihr Experiment durchführen zu können. Wenn jede Gruppe ihre Titration durchgeführt hat, sollen die SuS ihre Apparatur abbauen, während ich die Chemikalien einsammle. Die Gegenstände die sie für den Versuch benutzt haben müssen dann von ihnen gereinigt (hierzu liegen Bürsten und Papiertücher an den Waschbecken bereit) und wieder weggeräumt werden. Jede Gruppe ist dafür verantwortlich, dass die Tische feucht abgerieben werden und ihr Arbeitsplatz wieder vollständig sauber ist.

Zur Ergebnissicherung werde ich nach dem Experiment ein Arbeitsblatt austeilen, bei dem die SuS die Fragen in ihrer Gruppe bearbeiten sollen und sie, wenn die Zeit fehlt, als Hausaufgabe fertig stellen sollen. Falls sie mit dem Versuch wie geplant fertig werden, können anschließend in einem Klassengespräch die Fragen beantwortet und die Antworten an der Tafel festgehalten werden. Wenn aber nicht, werden sie in der nächsten Stunde als Einführung besprochen.

Sozial- und Aktionsformen

Zu Beginn des Unterrichts steht die Begrüßung die eine Form der Klassenarbeit ist. Als nächstes wird das heutige Thema vorgestellt, der Versuch besprochen und ein kurzes Brainstorming dazu durchgeführt, das alles durch den Klassenunterricht geschieht. Das sich anschließende Experiment ist eine Form der Gruppenarbeit. Die Bearbeitung des Arbeitsblattes kann in Gruppenarbeit erfolgen, das Zusammentragen der Ergebnisse des Arbeitsblattes erfolgt mittels Lehrer-Schüler-Gespräch.

Medien

Für die Einführung werden der Overhead-Projektor zum Auflegen der Versuchsanleitung benötigt und die Arbeitsblätter mit dieser den Schülern ausgeteilt, um diese gemeinsam durchzugehen. Anschließend werden zur Durchführung der Titration folgende Arbeitsmaterialien benötigt:

| | |
|---|---|
| 6x | HCl, 0,1 molar |
| 6x | NaOH, 0,1 molar |
| 6x | Indikator Bromthymolblau |
| 6 | Büretten |
| 6 | Trichter |
| 6 | Bechergläser |
| 6 | Erlenmeyerkolben |
| 6 | Pipetten |
| 12x | Stativ mit Klemme |
| 23 | Schutzkittel |
| 23 | Schutzbrillen |

Zur Ergebnissicherung wird das im Anhang angefügte Arbeitsblatt benutzt, welches sowohl den SuS ausgeteilt als auch mittels Folie und Overheadprojektor an die Wand projiziert wird.

Mögliche Schwierigkeiten

Mögliche Schwierigkeiten sehe ich in der experimentellen Unsicherheit der SuS. So kann es beispielsweise ein Problem sein, dass es sich einige SuS nicht zutrauen, eine Titration durchzuführen bzw. eine Bürette zu benutzen. Dies könnte dadurch verhindert werden, indem die einzelnen Mitglieder den Gruppen zugeteilt werden, sodass sowohl mutigere als auch ängstlichere SuS in einer Gruppe sind. Dies birgt jedoch die Gefahr, dass die eher ängstlichen SuS sich komplett aus dem Experiment zurückziehen. Wenn dies geschieht, werde ich die einzelnen Arbeitsschritte innerhalb der Gruppen jedem einzelnen Schüler zuordnen, damit jeder etwas zu diesem Experiment beitragen wird.

Es könnte allerdings Probleme mit der Dreier-Gruppe geben, da in dieser drei SuS sind, die etwas ruhiger und zurückhaltender sind. Ich werde mich daher vermehrt um diese Gruppe kümmern, sodass auch sie ihr Experiment erfolgreich durchführen kann.

Unterrichtsprinzipien

Die von mir geplante Stunde basiert auf den Prinzipien der Aktivierung, Selbsttätigkeit,
Motivierung und Erfolgssicherung, welche miteinander verbunden werden:
Erwerb/ Vertiefung experimenteller Fähigkeit der SuS, sich das Stundenthema mittels eines
Schülerversuchs (Titration) selbst zu erschließen und die Möglichkeit im aktiven Umgang mit
den Chemikalien Lernerfahrung zu sammeln. Durch die anschließende Vertiefung des
Themas und die Überprüfung des Ziels mittels eines Arbeitsblattes kann das so erworbene
Wissen gesichert werden.

## 6. Geplanter Unterrichtsverlauf

| Zeit / Artikulation | Geplantes Lehrerverhalten | Erwartetes Schülerverhalten | Medien und Materialien | Sozialform |
| --- | --- | --- | --- | --- |
| 10:15 – 10:16 Begrüßung | Begrüßen | Begrüßen | - | Klassenarbeit |
| 10:16 – 10:18 Verteilung der Versuchsanleitung | Austeilen der Versuchsanleitung | Entgegennehmen der Versuchsanleitung | Arbeitsblätter: Versuchsanleitung | Klassenunterricht |
| 10:18 – 10:20 Vorstellung des heutigen Versuches | Auflegen der Folie, erklären, dass heute ein Schülerversuch durchgeführt wird | Zuhören | Overhead-Projektor, Folie der Versuchsanleitung | Frontalunterricht |

| 10:20 – 10:28 | Versuchsanleitung | Die Schritte der | Arbeitsblatt: | Klassenunterricht |
|---|---|---|---|---|
| Deutung der | verbal Schritt für | Versuchsanleitung | Versuchsanleitung | |
| Versuchsanleitung | Schritt mit den | selbst versuchen zu | | |
| | Schülern | erklären und ggf. | | |
| | besprechen, Fragen | Fragen stellen, | | |
| | beantworten und | | | |
| | Versuchsaufbau | | | |
| | erklären | | | |
| 10:28 – 10:30 | Überlegungen | Überlegungen | Tafel | Klassengespräch |
| Brainstorming | anschreiben | äußern, was bei dem | | |
| | | Versuch passieren | | |
| | | könnte | | |
| 10:30 – 10:35 | Schüler in Gruppen | Sicherung des | Schutzkittel | Gruppenarbeit |
| Vorbereitung des | einteilen | Arbeitsplatzes, | Schutzbrille | |
| Versuches | Materialien | Schutzkleidung | 1x Säure | |
| | austeilen | anlegen, | 1x Lauge | |
| | | Versuchsgegenstände | 1x Indikator | |
| | | holen | eine Bürette | |
| | | | einen Trichter | |
| | | | 1 Becherglas | |
| | | | 1 Pipette | |
| | | | 1 Erlenmeyer- | |
| | | | kolben | |
| | | | 1 Stativ mit | |
| | | | Klemme | |

| 10:35 – 10:45 Durchführung des Versuches | Beaufsichtigung des Schüler-experimentes, Beantwortung von Fragen, Hilfestellungen leisten | Aufbau und Durchführung des Experimentes | Versuchsanleitung Schutzkittel Schutzbrille 1x Säure 1x Lauge 1x Indikator eine Bürette einen Trichter 1 Becherglas 1 Pipette 1 Erlenmeyer-kolben 1 Stativ mit Klemme | Gruppenarbeit |
|---|---|---|---|---|
| 10:45 – 10:50 Beenden des Versuches | Chemikalien einsammeln (Edukte und Produkte), | Abbauen der Versuchsapparatur, Versuchsgegenstände reinigen und wegräumen, Arbeitsplatz reinigen | Waschbecken Papiertücher Bürsten | Gruppenarbeit |
| 10: 50 – 10:53 Austeilung eines Arbeitsblattes und Bearbeitung | Austeilen der Arbeitsblätter mit Fragen zur Ergebnissicherung und eventuell auftretende Fragen beantworten | Eventuell Fragen zu dem Arbeitsblatt stellen, Fragen in der Gruppe bearbeiten | Arbeitsblatt | Gruppenarbeit |
| 10:53 – 11:59 Ergebnissicherung | Fragen in einem Klassengespräch beantworten lassen | Fragen beantworten | Overhead-Projektor, Folie des Arbeitsblattes, Tafel | Klassengespräch |

| 11:59 – 11:00 Verabschiedung | Verabschieden | Verabschieden | - | Klassengespräch |
|---|---|---|---|---|

## 7. Literaturverzeichnis

- **Amann, W. et al. (1989):** Elemente Chemie II (1.Auflage), Ernst Klett Verlag Stuttgart
- **Binnewies, M. et al. (2004):** Allgemeine und Anorganische Chemie (1.Auflage), Spektrum-Verlag Heidelberg
- **Gonschorek, G.; Schneider, S.(2005):** Einführung in die Schulpädagogik und die Unterrichtsplanung (4. überarbeitete und erweiterte Auflage), Auer Verlag Donauwörth
- **Mortimer, CE. (1996):** Chemie – Das Basiswissen der Chemie (6. völlig neu überarbeitete und erweiterte Auflage), Georg Thieme Verlag Stuttgart
- **Schülerduden (2004):** Chemie (5., neubearbeitete Auflage)
- **Peterßen, WH. (1991):** Handbuch Unterrichtsplanung (4. aktualisierte Auflage), Ehrenwirth Verlag München
- **Lehrplanentwurf** des Landes Rheinland-Pfalz (1997)

## 8. Anhang

- Tafelbild
- Versuchsanleitung/Folie
- Arbeitsblatt/Folie

## Tafelbild

Was könnte bei der Farbänderung passiert sein?

- ...
- ...
- ...
- ...

## Versuchsanleitung/Folie

# Titration

## Versuchsanleitung zum Durchführen einer Titration

**Achtung:** **Arbeite <u>niemals</u> ohne Schutzbrille und Schutzkleidung!**

**Du benötigst:**

- einen Schutzkittel
- eine Schutzbrille
- HCl (Salzsäure), 0,1 molar
- NaOH (Natronlauge), 0,1 molar
- Indikator Bromthymolblau
- eine Bürette
- einen Trichter
- ein Becherglas
- einen Erlenmeyerkolben

- ein Stativ mit Klemme
- eine Pipette

**Durchführung:**

- Ziehe deine Schutzkittel und deine Schutzbrille an!
- Baue die Titrationsapparatur nach dem Modell auf dem Lehrerpult auf
- Überprüfe, ob der Bürettenverschluss zugedreht ist (siehe Apparatur auf dem Pult)
- Fülle 100ml der Salzsäure mit einer Pipette in den Erlenmeyerkolben
- Füge einige Tropfen Bromthymolblau der Salzsäure hinzu und schwenke die Lösung leicht (**Achtung:** Nicht zu heftig schwenken, damit nichts verschüttet wird)
- Fülle nun Natronlauge in das Becherglas
- Fülle diese Natronlauge mit dem Trichter in die Bürette, bis zur obersten Marke
- Tropfe nun langsam (Tropfen für Tropfen!) die Lauge zur Säure
- Beobachte, nach wie vielen ml NaOH sich die Farbe ändert (ablesbar an der Skala auf der Bürette). Schreibe deine Beobachtung auf!
- Beobachte was passiert, wenn du noch mehr NaOH hinzutropfst

## Arbeitsblatt/Folie

## Arbeitsblatt zur Neutralisation:

1.  **Erkläre den Begriff _Neutralisation_ anhand des Experimentes!**

_____

_____


2.  **Wie heißt der Versuch, mit dem man eine Neutralisation durchführen kann? Beschreibe den Versuch mit eigenen Worten!**

_____

_____

_____

_____

3. Warum wurde als Indikator Bromthymolblau verwendet?

_____

_____


4. Was passiert, wenn du zu der Säure mehr Lauge zugibst, als du für die Neutralisation benötigst?

_____

_____


## Lösung zum Arbeitsblatt/Folie:

1. Erkläre den Begriff *Neutralisation* anhand des Experimentes!

   _Neutralisation= Reaktion zwischen Säure und Base, bei dem der pH-Wert=7 (neutral) wird_

2. Wie heißt der Versuch, mit dem man eine Neutralisation durchführen kann? Beschreibe den Versuch mit eigenen Worten!

   _Titration: zu einer Säure (HCl), die mit dem Indikator Bromthymolblau versetzt war, wurde eine Lauge (NaOH) getropft so lange zugetropft, bis sich die Farbe der Säure geändert hat._

3. Warum wurde als Indikator Bromthymolblau verwendet?

   _Weil der Umschlagsbereich dieses Indikators bei dem pH-Wert 7 (neutral) liegt._

4. Was passiert, wenn du zu der Säure mehr Lauge zugibst, als du für die Neutralisation benötigst und was schließt du daraus?

   _Die Farbe der Lösung wird immer dunkler blau, d.h. sie wird immer alkalischer._

# BEI GRIN MACHT SICH IHR WISSEN BEZAHLT

- Wir veröffentlichen Ihre Hausarbeit, Bachelor- und Masterarbeit

- Ihr eigenes eBook und Buch - weltweit in allen wichtigen Shops

- Verdienen Sie an jedem Verkauf

## Jetzt bei www.GRIN.com hochladen und kostenlos publizieren